科学与工程实践丛书 | 总策划 周忠和

# 风与风力发电

主 编 黄 晓 王耀村

浙江科学技术出版社

版权所有　侵权必究

### 图书在版编目（CIP）数据

风与风力发电 / 黄晓，王耀村主编. — 杭州：浙江科学技术出版社，2023.9
（科学与工程实践丛书）
ISBN 978-7-5739-0716-5

Ⅰ.①风… Ⅱ.①黄… ②王… Ⅲ.①风力发电—少儿读物 Ⅳ.① TM614-49

中国国家版本馆CIP数据核字(2023)第180377号

| 丛　书　名 | 科学与工程实践丛书 | | |
|---|---|---|---|
| 书　　　名 | 风与风力发电 | | |
| 主　　　编 | 黄　晓　王耀村 | | |
| 出版发行 | 浙江科学技术出版社<br>杭州市体育场路347号　邮政编码：310006<br>办公室电话：0571-85176593<br>销售部电话：0571-85062597<br>E-mail：zkpress@zkpress.com | | |
| 排　　　版 | 杭州万方图书有限公司 | | |
| 印　　　刷 | 杭州捷派印务有限公司 | | |
| 开　　　本 | 787×1092　1/16 | 印　　张 | 8 |
| 字　　　数 | 89 000 | | |
| 版　　　次 | 2023年9月第1版 | 印　　次 | 2023年9月第1次印刷 |
| 书　　　号 | ISBN 978-7-5739-0716-5 | 定　　价 | 39.80元 |

|  |  |  |  |
|---|---|---|---|
| **策划编辑**　莫亚元 | | **责任编辑**　苏亚娟 | |
| **责任校对**　赵　艳 | | **责任美编**　金　晖 | |
| **责任印务**　田　文 | | | |

# 科学与工程实践丛书编委会

**总策划** 周忠和（中国科学院院士）

**主　编** 黄　晓　王耀村

**副主编** 吴英策　林长春

**本册主编** 高　翔

**本册副主编** 林海燕

# 序

习近平总书记指出，要在教育"双减"中做好科学教育加法，激发青少年好奇心、想象力、探求欲，培育具备科学家潜质、愿意献身科学研究事业的青少年群体。科学教育是基础教育的基础。在"双减"背景下，给科学教育做加法，应该加什么？怎么加？浙江师范大学科学教育研究中心主任黄晓教授团队编写的丛书，用实际行动回应了这些教育界的关切。

为了做有原创价值的科学与工程实践教育课程，团队成员扎根中国本土科学教育实践，开阔国际视野，在引进和改编美国"科学与工程实践教学用书"的基础上，编写了适合我国学生使用的"科学与工程实践丛书"。

"科学与工程实践丛书"共6册，每册围绕一个主题划分为若干个项目，以真实情境任务作为主线贯穿始终，在各项目中融入相应的学习任务，强调科学探究与工程设计过程，重视探究问题的提出、探究活动的体验和科学方法的应用。

"科学与工程实践丛书"努力做好科学教育加法，主要表现为：

1.**突显基于项目的学习关照**。围绕六个与学生生活和社会发展息息相关的主题进行项目设计，以真实情境任务作为明线贯穿始终，强调基于真实任务的方案设计、建模过程与问题解决，做好科学探究与工程实践的加法。

**2. 重视科学方法与科学思维。** 丛书围绕科学方法与科学思维，在内容编写时融入了观察、测量、预测、分类、比较、解释、推理、控制变量等科学方法，以及科学推理、科学论证、模型建构、质疑创新等科学思维，做好科学方法与科学思维的加法。

"科学与工程实践丛书"与现行义务教育课程标准要求匹配，围绕学生熟悉的六个主题，呈现挑战或问题，融合科学、社会、语言表达艺术、数学等多学科知识应用，为学生创设科学与工程实践过程体验，让学生自主设计、实验和解决问题，以提升实践能力、创新能力和问题解决能力。

中国科学院院士
美国国家科学院外籍院士
发展中国家科学院院士
第十四届全国政协常委
中国科普作家协会理事会理事长

# 目录

● 实践背景 /1

● 项目一　奇妙的风 /5

　1.1　一天中的资源 /6

　1.2　稀缺性资源 /9

　1.3　地球圈层与风 /17

　1.4　风的利用 /23

　1.5　逃离孤岛 /29

● 项目二　风在哪里 /37

　2.1　风力涡轮机 /38

　2.2　神奇的地图 /41

　2.3　标记我的位置 /51

　2.4　风在哪里 /54

2.5 风速有多大 /59

## 项目三 捕获风能 /69

3.1 风能优缺点分析 /70

3.2 学会理财 /74

3.3 风力发电厂预算分析 /80

3.4 探索风力涡轮机 /84

3.5 风力发电厂拯救计划 /89

## 项目四 风力发电厂挑战 /95

4.1 风力发电厂创业计划 /96

4.2 风力发电厂位置确定 /100

4.3 风力发电厂效益解释 /103

4.4 风力发电厂反对意见调整 /107

4.5 风力发电厂成果展示 /111

4.6 风力发电厂实地考察 /115

参考文献 /117

# 实践背景

　　星星岛是一座美丽的岛屿，一年四季，岛上的森林、灌丛、湿地、水塘等不同景观都给人们带来美的享受：春季，万物复苏，新绿点缀大地；夏季，百花齐放，一片姹紫嫣红；秋季，层林尽染，金叶铺满林间；冬季，树叶凋零，白雪洒落枝头。如画的风景，无一不吸引着人们的目光……

　　星星岛风景宜人，岛上有着保护鸟类百余种，享有"鸟之岛"的美称。受地理位置的影响，每年春季都有大量候鸟迁徙而来，在"鸟之岛"上空有序编队，变换成各种形状，这一奇观吸引了不少慕名而来的摄影爱好者和爱鸟人士拍摄欣赏。

　　星星镇是星星岛上唯一的小镇，镇上有一所星星小学，由于学校校舍所处地理位置不太理想，常年光线不足，就算白天也要开着灯，还需常开暖气，非常耗费电。这不，月初这天，星星小学的月亮校长又收到了电业局发来的账单，又是一笔高昂的电费！单单这笔电费支出就占用了大量的学校经费，令他很是苦恼，于是，他决定去找镇长。在找镇长的途中，校长遇到了星星小学的小思、茉茉、小伊、特特同学。关心学校发展的四位同学随月亮校长一起来到了镇长办公室，向镇长述说学校的困境。正巧，镇长今天要召开每月一次的办公会，讨论镇上出现的各种问题，于是镇长便邀请月亮校长以及四位同学参与到会议中。

会议即刻开始——

如往常一般，镇长先向参会人员简要介绍了星星镇现下的基本情况：星星岛上的石油和天然气储量较为丰富，但煤炭资源不足。令人骄傲的是，星星岛风景秀丽、气候宜人，有许多商人在此投资各式产业，吸引大量游客到此观光游玩，加上小岛得天独厚的地理位置，岛上的工商业、旅游业和渔业都比较发达。然而，随着到访游客的增加，镇上需要供电的设施日益增多，面临着电力资源不足的问题，这不仅影响着小镇居民生活，也打击了许多投资者的信心……因此，开发新能源迫在眉睫！

听完镇长的阐述，茉茉第一个发言："我们有石油和天然气，不如大量开采它们，再建个火力发电厂来发电！"

听完这话，小伊马上提出反对意见："开采石油能源并不环保，且岛上矿产资源有限，从长远来看，这并非长久之计啊！"

特特提议："要不，试试铺设海底电缆？"

小伊再次提出自己的观点："海底电缆容易受地震、海啸等不可抗力的影响，有可能会被捕鱼的拖网渔船和船锚钩坏，甚至会被海中的鲨鱼咬断！这对于我们这个靠渔业支撑的小镇来说，也不适合……"

一时之间，大家意见纷纷，各执一词。讨论陷入了僵局。

此时，小思突然想起，有一天放学，他和小伙伴们在空旷的草地上玩耍，还放起了风筝，风筝借助风力的作用越飞越高，越飞越远……想到此，他开心地叫起来："最宝贵的资源不就在我们身边吗？就在我们的小岛上，就是风呀！为什么我们不试着开发风能呢？"

听完小思的话，镇长和大伙都眼前一亮！经过一番思索和讨论，他们也认为如果利用风能来发电，不仅能节省小镇的开支，还可以保护环境。但是，岛上的风力资源足够吗？建造风力发电厂会不会影响到鸟类的生存呢？又应该在哪儿建造一个能获得社区支持的风力发电厂呢？怎么才能说服当地居民认可这个好主意，并说服投资者来投资呢？这又产生了许多新的问题，困住了参会的大人们……

小思听完大家的讨论，再次自信地站了出来："就让我和我的小伙伴们一起来研究这些问题吧，我们能行！"

## 科学与工程实践小组成员

小思　　　茉茉　　　小伊　　　特特

**小思：** 好奇心强，善于从身边的事物中发现问题，擅长开展科学探究活动，观察生活中的现象，能够通过观察、调查和实验等方式解决问题。

**茉茉：** 勤学善思，擅长逻辑推理，具有较强的洞察力和数学运算能力，善于使用测量工具，懂得从定量的角度解释现象，能够使用多种数学方法解决真实问题。

**小伊：** 思维敏捷，动手能力较强，能够借鉴前人的智慧，善于利用工程设计流程完成产品的设计与制作，能够根据产品的需求，进行反复的修改。

**特特：** 自信勇敢，勇于创新，精于使用各种工具，擅长运用各种技术收集资料、分析问题并解决问题。懂得在尊重自然规律的基础上改造世界，实现与自然界的和谐共处，解决社会发展过程中遇到的难题。

# 项目一

# 奇妙的风

## 项目活动

地球上存在着各类资源，人类开发资源并将其用于各种活动中。有些资源在人们的不断使用甚至过度消耗下，逐渐减少或消失。

通过本项目的学习，你将会对资源的稀缺性有一定的认识。你将认识地球圈层及它们之间的相互作用，认识到风是如何在地球圈层的相互作用中形成的。你还将基于对风能和工程设计流程的理解，来完成逃离孤岛的活动任务，并开始思考如何利用风来发电，为人类服务。

 风与风力发电

# 1.1 一天中的资源

人们的生活离不开资源，自然界中存在各种各样的资源，有的资源可以再生，有的资源不可再生，让我们一起来了解一下吧！

**自然资源**是自然生成、以自然状态存在、主要受自然规律支配的资源。自然资源可以分为两类：一类是可再生资源，它是指通过天然作用或人工活动，能被人类反复利用的各种自然资源，如生物、水、土壤等资源；另一类是不可再生资源，是指经人类开发利用后蕴藏量不断减少，在相当长的时间内不可能再生的自然资源，主要指各种金属和非金属矿物、化石燃料等需要经过漫长的地质年代才能形成的资源。

图中分别利用了哪些自然资源来服务人们的生活，请将资源的名称填在括号内。

（　　　）

（　　　）

项目一 奇妙的风

（　　）　　　　　　　　　（　　）

请你将以上资源进行分类，并填在相应的横线上。

可再生资源：_____

不可再生资源：_____

**课堂讨论**

哪些资源能用于发电？

**科学与工程实践活动** 你一天中的资源

星期一，小思吃完早餐，便出门乘电梯下楼，刷了门禁卡出小区，乘坐公交车去上学。早上第三节是科学课，他在老师的指导下利用蜡烛、纸张、剪刀等材料做了风形成的实验。中午，他来到学校食堂，在门口洗手后便走到点餐窗口，点了一份需要电磁炉现煮的清汤面。等煮面的过程中，他闻到一股浓浓的烤地瓜香味。原来，隔壁窗口的厨师正用烤箱在烤地瓜。傍晚放学，小思收拾书包回家。吃完饭做完作业后，看到妈妈在用洗碗机洗碗，他想和妈妈一起做家务，便打开扫地机器人清扫地面，接着他找来拖把开始拖地板……

### 风与风力发电

● **活动任务**

1. 请你回顾小思一天的行程，记录他所用到的自然资源。

2. 列举你在上学时、课堂上、午餐时以及晚上在家中遇到或使用的资源，然后确定该资源的来源，并以圆圈标出可再生资源，以下划线标出不可再生资源。

● **思考**

1. 如何区分可再生资源与不可再生资源？

2. 如何理解风能是一种可再生的资源？

3. 借助网络资源，分别列举3种可再生和不可再生的资源，并说明其来源。

# 1.2 稀缺性资源

生活中好多地方都用到了自然资源,人人都想拥有足够的资源。每个人的资源足够吗?让我们一起来研究一下吧!

## 科学与工程实践活动 每个人的资源足够吗

假如每个小组代表一个国家,并且所拥有的资源是有限的,这些资源是否会在某一时刻耗尽?哪个国家能坚持到最后呢?让我们通过活动来体验一下吧!

● **活动材料**

糖果:每个小组都将得到一罐糖果,这代表你们国家所拥有的所有资源,粉红色糖果代表可再生资源,其他颜色的糖果代表不可再生资源。

暗盒:用于盛放小组分到的糖果。

塑料袋:用于放置抽取出来的代表不可再生资源的糖果。

转盘:用于活动过程中随机获取数字。

转盘

糖果

风与风力发电

● **活动方式**

转动转盘，指针指向一个数字，查看这个数字，并从暗盒中随机取出相应数量的糖果。数数有多少颗粉红色糖果，多少颗其他颜色的糖果，并将它们记录下来。将粉红色糖果放回暗盒中，其他颜色的糖果放到塑料袋中。轮换其他同学。

● **活动目标**

比一比哪个小组能够坚持到最后。

● **活动过程**

1. 4人为一组，并按照1~4进行编号。这代表活动中你们小组成员的出场顺序，分别为第一、第二、第三和第四。

2. 1号同学首先转动转盘，开始活动，接下来小组的2号、3号和4号同学依次进行。

3. 继续轮换，当某位同学无法从暗盒中抽取相应数目的糖果时，表示他已经出局，不能再参与活动。当小组的所有同学都无法抽取到相应数目的糖果时，活动结束。

● **注意事项**

1. 活动过程中，注意及时记录抽取的糖果的数量，可以采用表格的方式，便于后续统计。

2. 糖果颜色不少于5种，每组粉红色糖果的数目小于转盘的最大数值。

3. 不同小组的暗盒中，粉红色糖果和其他颜色的糖果的数目、种类都不同。

让我们马上开始活动，看看是哪一组坚持到了最后。

● 思考

1. 在第几轮时，小组所代表的国家无法再抽取到相应数目的糖果？

2. 如果提供给每个小组更多的粉红色糖果，结果会有什么不同？

3. 在活动过程中，哪一种资源相对稀缺？

**你知道吗**

稀缺性资源分为两种情况：一种是具有不可再生性；另一种是在自然界中存在的数量稀少，虽可再生，但再生速度远远不能满足人类对这种资源的需求。

活动结束后，小思和特特又有了新的疑问。让我们和他们一起寻找问题的答案。

随着不可再生资源的不断消耗，会带来什么样的后果呢？

可以采取哪些措施为自己的国家争取到更多稀缺性资源？

## 科学与工程实践活动：争夺稀缺性资源

假如每个小组拥有一定量的资源，但某些资源数量稀少，为了使小组成员的生活过得更好，你们需要集齐清单上的所有资源。你们会如何收集资源呢？

### ● 活动材料

信封：其中放置了初始阶段小组所拥有的资源和现金。活动开始前，各小组以抽签形式抽取信封。

清单：列出了各小组最终需要收集到的资源种类及数目。

银行：老师扮演银行的角色，可在活动过程中向银行（老师）借用现金，可以用该现金向其他小组购买物资。

### ● 活动方式

将活动参与者分组，各组将抽取一定量的资源。每个小组需要将初始资源与清单进行比较，统计还需"争夺"哪些资源。你们可以通过资源置换或现金购买的方式与其他小组进行交易。如果你们没有额外的资源和现金进行交易，可以向银行（老师）借用最多5个单位的现金。

### ● 活动目标

尽量集齐资源清单上的所有资源，最早集齐的小组获胜。

#### 资源清单

| 水：10个单位 | 石油/汽油：8个单位 | 人力资源：5个单位 |
| 表层土：5个单位 | 矿物：5个单位 | 家畜：5个单位 |
| 发电能源：10个单位 | 建筑材料：4个单位 | 现金：10个单位 |

## 活动过程

1. 先进行分组，6个人为一组。然后各个小组抽取信封。

2. 记录小组所拥有的资源，根据资源清单，统计缺少和富余的资源数量。

3. 每次交易后，对当前所拥有的资源情况进行记录。

4. 继续交易，当集齐清单上的所有资源时，活动结束。

## 思考

1. 你认为资源分配的方式公平吗？为什么？

2. 资源最少的小组经历了什么？

3. 根据以上活动，谈谈你对稀缺性资源的认识。

4. 从资源平均分配的角度，各小组理应获得多少资源？请你完成下表。

**资源平均分配表**

| 建立数学模型 | 分配方案 |
| --- | --- |
| 1.问题：如何计算，将资源平均分配给各小组？<br>2.规划：选择合适的加减乘除方式，创建公式来解决问题。<br>3.计算：代入数值进行运算，得出平均分配后各小组理应拥有的资源数量。<br>4.解释：能够从原有的公式出发，对分配的结果进行解释。<br>5.验证：根据计算得出的分配方案进行分配，检查是否做到平均分配资源。 | |

 风与风力发电

 **科学阅读与写作**

小思、茉茉、小伊、特特参与了"争夺稀缺性资源"活动。最后统计资源时,小伊发现小思所在小组得到的资源最多,自己小组在4个小组中排名第三,茉茉所在小组获得的资源最少。由此,小伊认为资源分配的方式不公平,为什么自己小组的资源比小思小组和特特小组的少很多?特特认为小思小组的资源最多,就应分给其他人一些,这样大家的资源才比较均衡。这时茉茉产生了两个疑惑。

为什么会出现资源分配不均的情况?

哪些因素对资源分配的影响较大?

**阅读学习** 为什么全球资源分配不均

各类自然资源,如淡水、森林、石化燃料、矿藏等,受自然环境的影响,在不同的国家和地区,存在着资源分布不均匀的状况。

人口的增加与工业化的推进消耗了大量资源,为此人们需要对资源的使用做出安排。资源配置方式是造成全球资源分配不均的重要原因,如发达国家人口不足世界人口的14%,却消耗了全球商业能源的80%。

项目一　奇妙的风

**课堂讨论**

1. 每个国家的发展水平与什么因素有关呢？
2. 资源分配的含义是什么呢？

根据前面的阅读和讨论，尝试进行写作吧！

**1** 介绍主题。结合"为什么全球资源分配不均"阅读材料，以及你在活动中的体会，围绕"资源分配方式"这一话题搜集相关信息，并进行分析归纳，可以利用插图和多媒体等来帮助完善你的表述。

我的题目：
介绍：

**2** 拓展主题。在写作过程中，可以补充一些与你的写作主题相关的信息和例子。比如，各个国家不同的资源分配方式与人口数量是否有关？发达国家和发展中国家在资源分配上的差异主要体现在哪些方面？

拓展：

风与风力发电

**3** 解释主题。尝试使用一些语句来表达你的观点或归纳你所获取的信息，并使用科学且精准的词语对主题进行解释。比如，你认为资源分配的方式公平吗？为什么有些国家的资源比其他国家少很多？你认为资源丰富的国家应该帮助那些资源稀缺的国家吗？

表达观点：

解释：

**4** 总结主题。对以上信息或想法进行总结。

总结：

## 1.3 地球圈层与风

你了解我们的地球吗？地球圈层有哪些？风是怎么形成的呢？

 **地球圈层**

地球的圈层结构分为外部圈层，如大气圈、水圈和生物圈，以及内部圈层，如地壳、地幔和地核。地壳和上地幔的顶部又合称为岩石圈。

地球圈层结构

**大气圈**是包围地球的气体层。

**水圈**是地球表层水体的总称，包括地表水、地下水和大气中的水分。

**生物圈**是有生命在其中积极活动的地球各圈层的交接界面的总称。

**岩石圈**是由地壳和上地幔顶部组成的坚硬岩石部分。

 风与风力发电

 **圈层间的相互作用**

在自然景观图中，你看到了什么，请按照大气圈、水圈、生物圈和岩石圈进行分类。

自然景观

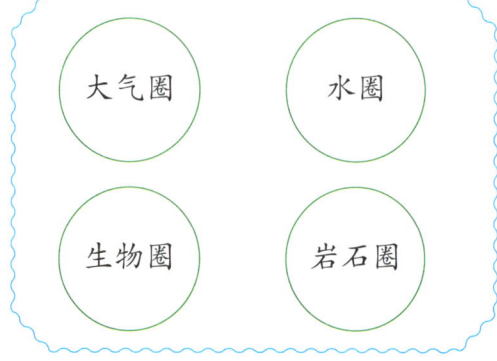

圈层间的相互作用

自然景观图中各事物之间存在联系吗？请在圈层间的相互作用图中绘制箭头并进行标注，体现圈层间的相互作用。

例子：雪（水圈）融化，渗入土壤（岩石圈）中，为植物（生物圈）提供水分。

> 我们建立了一个关于地球圈层间相互作用的模型！

项目一 奇妙的风

 **风的形成**

利用风能可以发电,但是风是如何形成的呢?让我们一起来尝试模拟风的形成过程吧!

**科学与工程实践活动** **人造风**

为了了解风的形成原理,科学与工程实践小组成员展开了研究……

● **活动任务**

根据提供的材料制造风。

● **活动材料**

材料1:1张A4纸、1把剪刀、1卷双面胶、1盒火柴、1根蜡烛、1支笔、1卷棉线。

材料2:1把剪刀、1个塑料瓶、1盒火柴、1根蜡烛、1根线香。

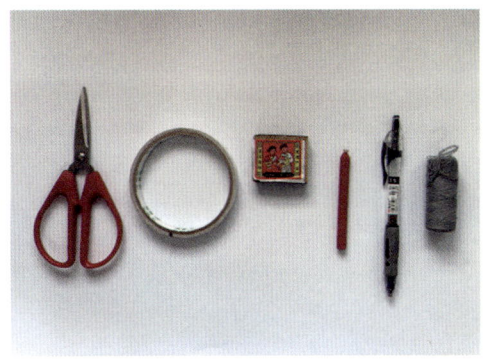
材料1

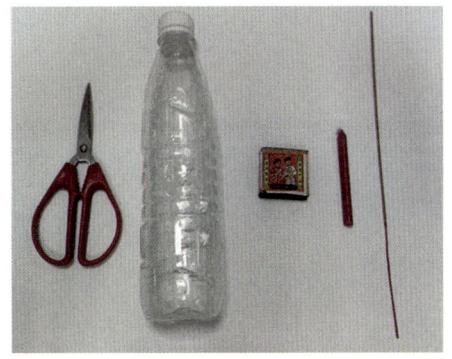
材料2

19

## 11 风与风力发电

● **活动过程**

1. 利用材料1，制作纸蛇，并让纸蛇转起来。

实验记录表

| 操作方法 | |
|---|---|
| 观察到的现象 | |

2. 利用材料2，模拟风的形成，建构"人造风"模型。画出你们的设计吧！

● **思考**

风是怎么形成的？

 **地球圈层与风**

风是空气的水平运动。观察海陆风形成的原因示意图，你能在图中找到哪些圈层？各个圈层之间是如何相互作用的？试用箭头标

项目一　奇妙的风

注并描述海陆风是如何形成的。

海陆风形成原因示意图

### 你知道吗

白天，在太阳照射下陆地升温比海洋快，陆地表面气温高于海面，热空气上升，冷空气下沉，下层空气由海面吹向陆地，形成海风。

夜晚，陆地降温比海洋快，海面气温高于陆地表面，热空气上升，冷空气下沉，下层空气由陆地吹向海面，形成陆风。

**科学与工程实践活动　建立风的模型**

星星镇上有一座名叫宝塔山的小山包，山顶有一家比萨店（专卖榴莲比萨），山下有一家烧烤店。一天，比萨店的老板到镇长那边去投诉，说烧烤店的烟气熏得他晚上睡不着觉。不久，烧烤店的老板

也到镇长那里投诉,表示比萨店近来大量制作榴莲比萨,他闻到味道就吃不下饭。镇长听完后,陷入思索……

● **活动任务**

你受聘为镇长的顾问,受邀创建一个风的模型来模拟宝塔山山顶和山下风的运动。

● **活动要求**

1. 建立风的模型前,需选择上述情境中的一个圈层进行研究。

2. 根据以上情境,建立风的模型,模型要能够显示出小组所研究的圈层结构对风的形成的作用,以及该圈层如何受到风的影响。

3. 在模型上绘制出风的运动轨迹。

● **思考**

1. 结合风的模型,分析说明比萨店和烧烤店是如何相互影响的。

2. 请你和小伙伴们讨论,有什么办法能减少比萨店和烧烤店之间的相互影响?协助镇长与比萨店老板和烧烤店老板沟通,听听他们对你们建议的看法。

# 1.4 风的利用

小思提议建造风力发电厂来解决星星镇的能源问题。现在让我们一起来了解风的利用吧!

 **风的利用**

人们利用风做过哪些事情?

古代人用风来磨面。

我们在海边放风筝。

**你知道吗**

中国古典长篇小说四大名著之一《三国演义》中介绍赤壁之战时,周瑜主张用火攻来攻打曹军,可一切准备就绪后,却发现曹军的船停在西北岸,自己的船停在南岸,而冬季常刮西北风,如果采用火攻反而会烧到自己,为此他焦虑不已。诸葛亮猜到了周瑜的心思,写下"欲破曹公,宜用火攻;万事俱备,只欠东风"。最后,孙刘联军抓住风转向的时机,火烧赤壁,大破曹军。

微风时，可以放风筝；强风时，举伞前行会感到困难；大风时，树枝会被折断；狂风时，建筑物会被毁坏……

不同的风的影响

由此可见，风的方向与大小会影响风的作用效果，会给人们的生产生活带来不同的影响。因此，人们在描述风时，应格外关注风向与风速。

**是什么**

**风向**是指风吹来的方向，常用东、西、南、北、东北、西北、东南、西南八个方位来表示。

**风速**是指单位时间内空气流动的距离，一般用"米/秒"或"千米/小时"表示。

项目一 奇妙的风

## 阅读学习　中国古代对风的利用

我国古代先民很早就对风有了科学的认识，甲骨文记载了四方风名和目前所知世界上最早的风向仪"伣"。汉代，出现了测风仪器铜凤凰和相风铜乌。

相风铜乌

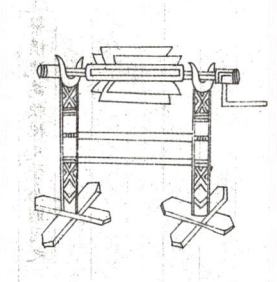
《武经总要》中的风扇车

中国古代人民利用风力清选谷物、提水灌溉、借助风帆使船舶前进。西汉时期已经发明了风扇车，该车采用连续的人造风使谷壳分离：谷重，被风吹离的距离近；壳轻，被风吹离的距离远，以此达到"取精去粗"的目的。

宋代立轴式大风车

风车记载始见于宋代，常见于我国沿海及长江流域地区，它将空气流动的动能转换为用于提水灌溉或排水所需的机械能。

汉代，我国的海上航行已经非常活跃，风被用于提供帆船前行的动力，人们能依据风的大小和方向调节帆的面积和位置，还能利用季风的规律来安排航事。受帆船的启发，人们还将风帆应用于车，造出帆车。

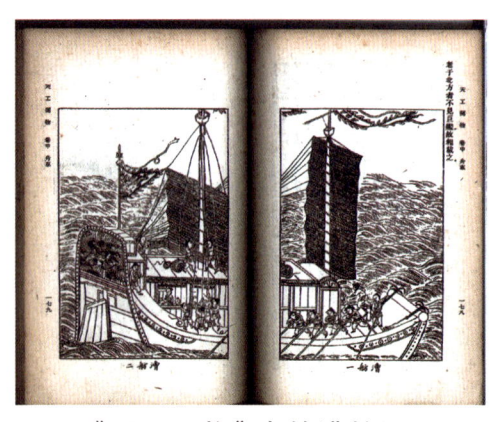
《天工开物》中的漕舫图

《鸿雪因缘图记》中的帆车

## 科学写作

"东风不与周郎便，铜雀春深锁二乔"，这是唐代诗人杜牧来到赤壁遗址后发出的感叹。周瑜如果不是东风给予帮助，火烧赤壁成功，恐怕胜利的会是曹操，大乔、小乔都会被曹操掳去，关在铜雀台上了。小思说道："杜牧的《赤壁》写得真好，不愧是历代传诵的名篇佳作。"而此时的特特却关注到了一个问题，东风是如何给予周瑜帮助的？请大家自拟题目，从科学的角度创作一篇作文。

**1** 介绍主题。请介绍你的写作主题，围绕"东风是如何给予周瑜帮助的？"这一问题搜集相关信息，并进行分析归纳，可以利用插图和多媒体等来帮助你完善表述。

我的题目：

介绍：

**2** 拓展主题。在写作过程中，可以补充一些与你的写作主题相关的信息和例子。比如，古代的人们是如何测量风向的？古代的人们是如何测量风速的？东风对铁索连环的战船和对普通独立的战船的影响有什么不同？

拓展：

**3** 解释主题。尝试使用一些语句来表达你的观点或归纳你所获取的信息，并使用科学且精准的词语来表达或解释主题。

表达观点：

解释：

**4** 总结主题。对以上信息或想法进行总结。

总结:

项目一 奇妙的风

# 1.5 逃离孤岛

科学与工程实践小组的成员们外出游玩，被困在一座岛屿上。他们要想离开孤岛，就必须建造一艘船。要怎样才能建造一艘船呢？特特提出利用工程设计流程来模拟设计和制作一艘船，并试验一下效果。于是，大家纷纷找出包里携带的物品，挑选可用的材料。

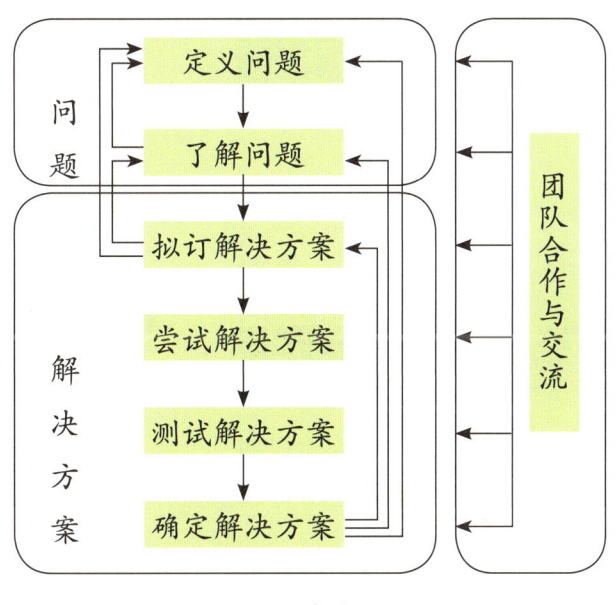

工程设计流程图

**科学与工程实践活动** 逃离孤岛

● **活动任务**

依照工程设计流程设计并制作一艘船，该船要求能够携带4位"小组成员"到达另一个岛屿。在规定时间内完成任务，最终将比较

29

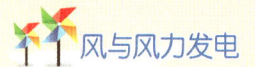
# 风与风力发电

小船行驶的速度和运送"小组成员"的安全性。

● **活动材料**

小型塑料或充气的浅水池（每班1个）、2个矿泉水瓶、2个纸杯、1张铝箔纸、1张蜡纸、1张卡纸、1个塑料袋、1把剪刀、1卷胶带、2根吸管、4个50克的魔方（代表小组成员）、1个小型手持电风扇。

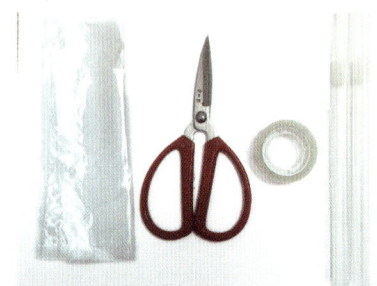

活动材料

● **活动要求**

1. 只能使用所提供的材料（不需要使用所有材料）。
2. 小船必须仅由风能（由风扇提供）驱动。
3. 必须使用工程设计流程来设计小船。

现在让我们也参与到他们的活动中吧！

## 定义问题

工程师在开始任务之前会先定义问题,即在设计解决方案之前,通过观察、调查等方式明确问题及其要求。

科学与工程实践小组准备先设计制作一个帆船模型来试验一下。他们需要知道帆船模型的成功标准和限制条件。例如,帆船模型应该具备哪些功能,这些称为成功标准;应该克服哪些困难,这些称为限制条件。现在请和你的小组成员讨论一下帆船模型的成功标准和限制条件都有哪些?

**帆船模型的成功标准和限制条件**

| 成功标准 | 限制条件 |
| --- | --- |
| 小思认为:帆船能承载一定重量且不会沉入水中。<br>我认为:_____<br>_____<br>_____ | 特特认为:风向会影响帆船的行驶方向。<br>我认为:_____<br>_____<br>_____ |

## 了解问题

定义问题后需要进一步了解问题,了解问题就是通过查阅相关资料、开展头脑风暴等方法来提出多种解决方案,然后研究并选择最优方案。例如,可以查阅"如何利用现有的材料来制作帆船模型"的相关资料。

小组分工合作,依据成功标准和限制条件来查阅相关资料,交流讨论,筛选方案。

# 风与风力发电

**是什么**

### 头脑风暴

小组成员围绕一个中心问题，畅所欲言，发表尽可能多的观点。讨论过程中不要对任何观点进行反驳，但可以补充他人的观点。讨论结束后对观点进行反复比较和筛选，确定最佳解决方案。

这种方法简便高效，能够在短时间内产生大量的灵感，体现团队的智慧。

 ## 拟订解决方案

接下来，开始拟订解决方案，调查并列出所需的材料，确定将采取的步骤，并用草图、便笺等形式把方案表现出来。

1. 画出帆船模型的草图，并说明设计理由。

**2** 列出制作的步骤，并写出制作过程中需要用到的工具、材料和技术。

模型的制作步骤及相关工具、材料和技术

| 制作步骤 | 所需工具、材料和技术 |
| --- | --- |
|  |  |

 **尝试解决方案**

当小组拟订完解决方案后，就可以开始尝试解决方案，按照设计方案制作模型。

在制作过程中遇到了哪些问题？你们是如何处理的？

 风与风力发电

### 制作模型遇到的问题与对策

| 遇到的问题 | 我们的对策 |
|---|---|
|  |  |

 **测试解决方案**

一旦建构了模型，就需要对它进行测试。测试解决方案就是用合理的方式测试模型并收集数据，根据数据对模型进行评估。

1 使用风扇对小船进行1分钟的测试。小船行驶的速度如何？"小组成员"是否会从船上掉落？

_____

2 不同的风向和风力强度对模型的运动有什么影响？

_____

3 通过测试，你们的模型还有没有可以进一步完善的地方？

_____

 **确定解决方案**

解决问题不是一蹴而就的，需要反复改进和完善。确定解决方案就是要根据测试结果和他人的反馈，不断改善设计，直到能够完

全满足要求为止。

**1** 根据上一步骤的测试结果,你们会做出哪些改进?

_____

_____

**2** 画出改进后的草图,根据草图进一步完善帆船模型,最终确定模型。

**3** 重新测试解决方案,直到帆船模型能完全满足要求。

## 展示

**1** 向同学展示并介绍改进后的帆船模型,然后进行竞速比赛。

**2** 活动结束后,收好所有的材料,用肥皂和清水洗手,并完成评价表。

### 评价表

| 评价 | ★★★★★ | ★★★★ | ★★★ |
| --- | --- | --- | --- |
| 自评 | | | |
| 互评 | | | |
| 教师评 | | | |
| 我的收获 | | | |

## 11 风与风力发电

**拓展活动**

### 好队友小讨论

伙伴们在逃离孤岛活动合作研究的过程中,既有成功合作的喜悦,也有迷茫困惑的争论,甚至偶尔还会发生小小的不快。关于当一名好队友有哪些必备的要素,大家开始了讨论。

- **好队友小讨论1:完成个人任务时**

1.好队友会在小组活动前做什么准备?

2.好队友会如何和自己的伙伴沟通?如何听取伙伴的建议?

3.好队友在完成自己分配到的任务后,会怎么做?

- **好队友小讨论2:完成小组任务时**

1.好队友会如何帮助小组解决问题?

2.好队友会如何表达自己的观点,以及会如何参加讨论?

3.好队友会如何给伙伴提建议,以及会如何帮助伙伴?

4.好队友会如何去听取他人的观点,以及对其他成员保持礼貌?

- **好队友必备要素的小讨论**

1.结合以上讨论,你认为成为好队友的必备要素有哪些?

2.搜集整理其他小伙伴的思考,并以图表的形式进行记录,在此基础上归纳好队友应具备的品质。

# 项目二

# 风在哪里

## 项目活动

地球上的地形地貌多种多样,不同的地形特点会对风力发电厂的建设产生影响。由于受到一些因素的影响,不同地域的风能资源有所差异,其年平均风速也有所不同。

通过本项目的学习,你将能够根据地图了解我国不同地区的风能资源情况,初步了解我们应该在哪个位置建造一个风力发电厂以获得社区的支持。

 风与风力发电

# 2.1 风力涡轮机

什么是风能？风能可以转换成什么能量？什么机器可以把风能转化成电能？让我们带着这些疑问一起去学习吧！

 风能

风能是大气流动时的动能。它来源于太阳辐射能和地球的自转，可通过风能转换系统转换成为机械能、电能等。在获取能量时，大气的流动速度越快，获得的动能就越大。

风能资源是可再生资源，它分布广泛，清洁环保，并能减轻矿物资源给环境带来的危害。生活中，人们利用风能的特点将风能转换成不同的能量，最常见的就是使用风力涡轮机发电。

风力涡轮机

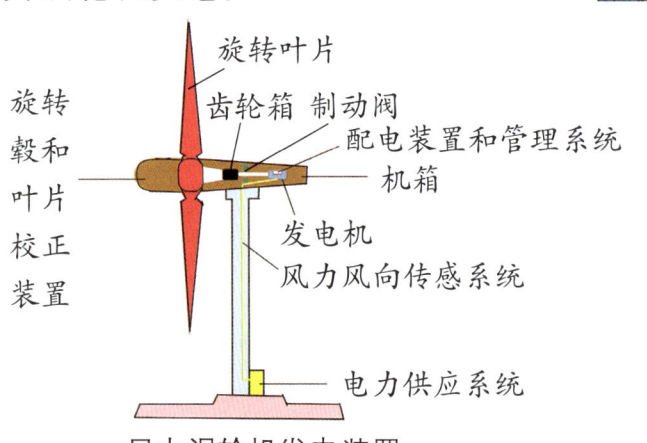

风力涡轮机发电装置

风力涡轮机是将风能转换成电能的装置。风力发电的原理是利用风力带动风车叶片旋转，从而促使发电机发电。

## 能量转换

**1** 手柄式LED灯由旋转手柄、电机、LED小灯珠、导线组装而成,观察手柄式LED灯与普通的手电筒有什么不同的地方。

手柄式LED灯

**2** 将手柄式LED灯的手柄换成扇叶,利用风让扇叶转起来,发现灯亮了!试着描述这里面发生了哪些能量的转换。

**3** 尝试向同伴说一说两种LED灯的能量转换方式。

扇叶LED灯

生活中有许多体现能量转换的现象,图中所示的这些例子分别发生了哪些能量转换?

不同的能量转换现象

 风与风力发电

**拓展活动**

搜集风力涡轮机的资料，尝试用简洁的文字和简单的图画展示风力涡轮机中的能量转换，并用箭头标出能量转换的方向。

# 2.2 神奇的地图

科学与工程实践小组的成员约好了一起去星星镇图书馆讨论风力发电厂的选址问题。因为星星镇地域辽阔,成员们决定先学习地图的使用,以了解不同地形。

## 地图

地图是我们日常生活和学习地理所不可缺少的工具。根据不同的需要,人们绘制了不同的地图。地图是运用各种符号,将地理事物按照一定的比例缩小以后表示在平面上的图像。比例尺、方向和图例是地图的"语言"。

### 是什么

**比例尺** 表示图上距离和实际距离的比。即:图上距离 : 实际距离 = 比例尺。

**图例** 是集中于地图一角或一侧的,地图上各种符号、线划和色彩所代表内容与指标的说明。图例是识别地图,特别是专题地图最重要的内容要素和工具。

**方向** 是用来指示地图上的方向。

### 课堂讨论

生活中有哪些地图?你对地图有哪些了解?

## 科学与工程实践活动：你会看地图吗

小伊的爸爸要到福建省的省会城市出差，小伊从来没去过福建，出于好奇，他找来了福建省的行政区划图，和小伙伴们一起研究福建省有哪些好玩的城市，并想知道各城市间的距离，为爸爸做一份旅游攻略。

● **活动任务**

借助福建省行政区划图，学习地图的运用。

● **活动要求**

1. 找到地图中的省会城市，做好标记。

2. 确定地图的方向，并找到福建省地图中地处最东和最西的两座城市。

测量地图上两点间的距离

3. 根据地图中的比例尺，说一说比例尺代表多少实际距离，算一算省会城市到地处最东的城市之间的直线距离。

4. 说一说行政区划图上都有哪些图例，分别代表哪些信息。

● **思考**

1. 行政区划图可以为我们提供哪些信息？

2. 月亮校长说，飞机是现行的最快的交通工具，但是因为场地建造的特殊性，并不是每个地方都建有飞机场。查找资料，了解在福建省的哪些城市建有飞机场，设计图例，并标注在地图上。

**认识路线图**

茉茉第一次独自去星星镇图书馆,她不知道从车站到图书馆的路线。讨论分析生活中有哪些寻找路线的方法,比一比谁想到的更多!

请你根据下图,帮助茉茉画出到达星星镇图书馆的路线。

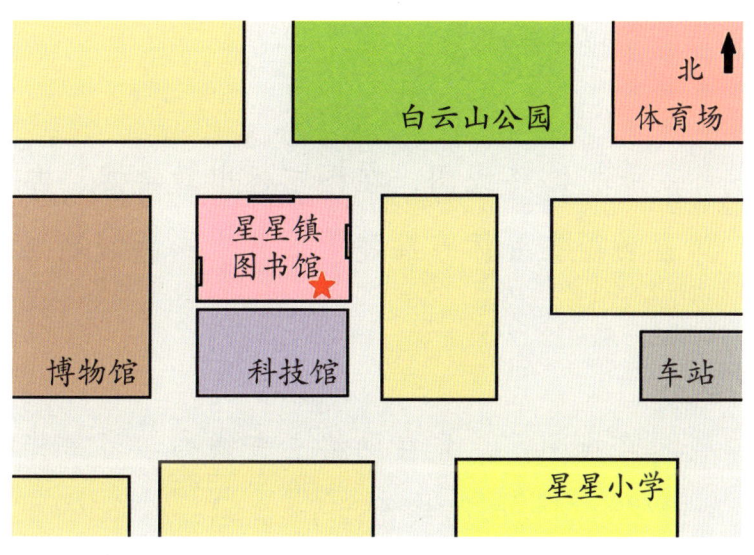

路线图绘制

路线图是指展示道路设计并指引人们到达某个地点的地图,一般用于汽车或步行导航。

在你的帮助下,茉茉找到了去星星镇图书馆的路,并成功地和小伙伴们汇合了。

## 11 风与风力发电

### 科学与工程实践活动  绘制路线图

学校里的一年级新生就要来了，茉茉报名成为志愿者，带领新生参观校园。她想要手绘一张校园路线图分发给新生，但这项工作一个人很难完成，于是她来寻求你的帮助，希望你能帮她一起绘制路线图并设计参观校园的路线。

- **活动任务**

尝试制作一张校园路线图，在图中标出教学楼、办公楼、宿舍楼、食堂、体育场等重要标志性建筑，并用彩色铅笔画出参观校园的路线。

- **活动要求**

1. 制作校园路线图前，先在网络上查找和学习一些相关的路线图知识，来帮助你绘制校园路线图。

2. 根据你所获得的信息，绘制校园路线图，要能够显示校园各个重要标志性建筑的位置，并且将校园内的道路和路口的大致方向描绘出来。

3. 结合你所绘制的路线图，找出一条包括校园主要标志性建筑的参观路线。

- **思考**

1. 你可以找到几条参观校园的路线呢？你最喜欢哪条路线？说说为什么。

2. 你的路线图还有哪些不足的地方可以完善吗？

3.除了纸张和画笔之外,你能否想到其他适合用于制作路线图的材料?

 ## 地形图

地球表面有高山,有平地,为了在平面上判断一个地区的地面起伏和高低情况,地理学家们设计了地形图。

地形图有分层设色地形图和等高线地形图。分层设色地形图采用不同的颜色代表不同的海拔高度;等高线地形图将地理上海拔相等的各点连接成的闭合曲线(等高线),在等高线上标有相应的海拔数值,如100米、200米等。

分层设色地形图

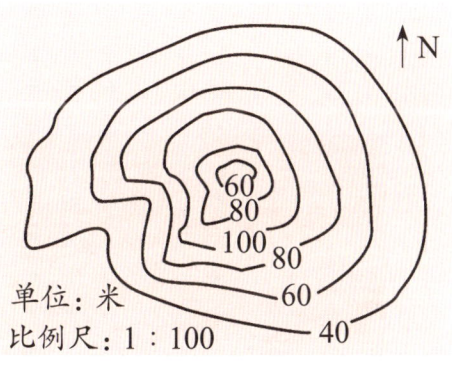

等高线地形图

**你知道吗**

陆地表面的地形类型有高原、平原、山地、丘陵和盆地五种。

高原:海拔一般在1000米以上,相对高度500米以上,

面积广大，地形开阔，周边以明显的陡坡为界，比较完整的大面积隆起地区。

平原：海拔多在200米以下，地势平坦，起伏较小的地域。

高原

山地：海拔在500米以上，地面峰峦起伏，坡度陡峻。

丘陵：一般指海拔在500米以下，相对高度一般不超过200米，起伏不大，坡度和缓，顶部浑圆，连续分布的圆丘状地貌集群。

盆地：在地貌上把四周高、中间低，近似盆形的地貌称为盆地。

平原

山地

丘陵

盆地

## 课堂讨论

什么样的地形更适合建造风力发电厂？

## 科学与工程实践活动 制作等高线地形模型

周末，科学与工程实践活动小组想再去宝塔山，实地考察风力发电厂的候选建造位置。可是上山有两条路，大家想知道从哪条路上山更轻松。月亮校长建议孩子们可以先根据宝塔山的等高线地形图做一个等高线地形模型，以了解宝塔山的地形特征。

● **活动任务**

制作等高线地形模型，认识不同地形部位的等高线特征。

● **活动要求**

1. 根据宝塔山等高线地形图，使用厚泡沫板制作等高线地形模型。

2. 比较分析从C点上山和B点上山各有什么优点和缺点。

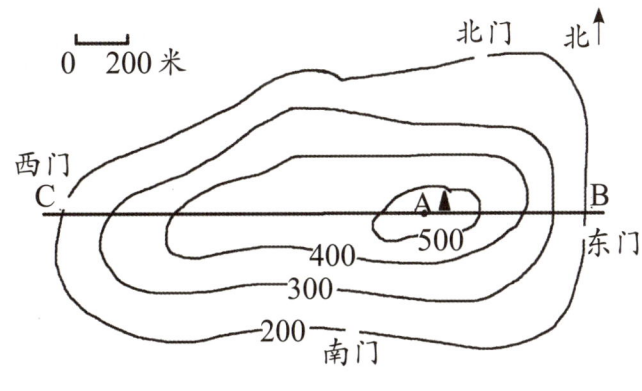

宝塔山等高线地形图

● 思考

1. 根据你所制作的等高线地形模型，思考等高线的密集程度与地形的坡度陡缓之间的关系。你能发现什么规律？尝试概括出来。

2. 根据你所制作的等高线地形模型，尝试概括宝塔山不同地形部位的等高线特征。

3. 月亮校长发现大家的模型做得很用心，想把这个模型推荐给宝塔山公园的管理处，帮助居民们选择上山的路线。哪条路线适合居民上山晨练？哪条路线适合小朋友上山游玩？试根据居民的不同需求，来为他们选择合适的上山路线，并尝试在你的模型上进行标记。

制作等高线地形模型

地图真是太神奇了，不同的地图竟然蕴藏着这么多的信息，你发现了吗？

## 科学与工程实践活动 中国地图寻宝游戏

星星小学一年一度的"文化节"到了，月亮校长为了检测同学们对地图相关知识的掌握，特在学校里组织了一场"中国地图寻宝游戏"。月亮校长表示，中国地图上藏了许多"知识"宝藏，请大家分组完成游戏任务。只有完成任务才可以"到达"闯关地点，获得神秘宝藏。最后将根据闯关时间和获得宝藏的数量，确定本次活动的"最强寻宝小组"。

- **活动任务**

结合地图知识，小组合作完成中国地图寻宝游戏。

- **活动要求**

与小组成员一起利用中国行政区划图和地形图，结合所学的地图知识，合作完成游戏。

- **活动方式**

依次完成"火眼金睛""外交风云""测算达人"和"地形能手"四个游戏环节，每完成一个环节，便可获得该处的宝藏。

- **活动过程**

1."火眼金睛"：看看谁能找到"我"。请在老师提供的地图上用红色彩笔标出下列题目中的城市的位置，并标注题号。

（1）标出郑州市的位置。

（2）标出与湖北省相邻的省。

（3）分别标出面积最小和面积最大的省。

2."外交风云"：世界那么大，我想去看看！请在地图上用蓝色彩笔标出下列题目中的国家的位置，并标注题号。

（1）标出3～5个与中国接壤的国家。

（2）标出与云南省接壤的国家。

3."测算达人"：运用你手中的尺子和所学习的比例尺知识，来计算一下距离吧！

（1）计算黑龙江省的哈尔滨市和云南省的昆明市之间的距离。

（2）计算你的家乡到北京市的距离。

4."地形能手"：最后一关啦！请在地图上用黄色彩笔标出下列题目中地形的位置，并标注题号。

（1）标出天山山脉。

（2）标出长江的流经路线。

（3）标出地图上的沙漠。

● **思考**

在中国地图寻宝游戏中，你学到了哪些关于地图的知识？你还想了解哪些与地图有关的知识？哪些知识是你在活动前就知道的？完成自我评价记录表。

### 自我评价记录表

| 我知道 | 我想知道 | 我学会了 |
|---|---|---|
|  |  |  |

## 2.3 标记我的位置

星星小学的"文化节"还在如火如荼地开展中，月亮校长发现中国文学中也藏着许多有趣的地方，例如，挡住唐僧师徒取经之路的火焰山，以弱胜强的赤壁之战的发生地赤壁，有着凄美爱情故事的美丽西湖……月亮校长想请同学们为文学中出现过的地区，制作一份地理图鉴。

特特和小组成员一起合作制作了一份关于火焰山的地理图鉴。

### 火焰山

火焰山位于新疆吐鲁番市，属于我国的西北地区。

行政区划：新疆维吾尔自治区。

主要地理特征：火焰山横卧在戈壁大漠，因处于高温、干旱、多风的吐鲁番盆地，所以整个山体火红，荒山秃岭，寸草不生。

火焰山

所在城市：新疆吐鲁番市。

著名景点、人文特色、文学故事……

### 你知道吗

中国地理区划可以认为是国家地理区域划分的简称。地理区域划分就是把一个国家的全部国土区域按照其特点划分成几个大块，以便进行地理、气候、经济和行政管理等方面的研究和管理。

我国行政地理分区包括东北、华北、华东、华中、华南、西南、西北七个地区。

## 科学与工程实践活动　标记我的位置

### ● 活动准备

每个小组选择一个地区（七大地理区域之一），结合之前学习的地图知识，收集资料了解该地区的地理特征。

### ● 活动过程

1. 使用中国行政区划图查找你所居住的城镇，并填写以下信息：
我住在＿＿＿＿＿＿省（区、市）＿＿＿＿＿＿市（州）的＿＿＿＿＿＿区（县）＿＿＿＿＿＿街道（乡、镇），我所在的地方位于中国的＿＿＿＿＿＿地区。

2. 在老师提供的空白地图上标记你所在的位置，并标出所在的省（区、市）、市（州）、区（县）和街道（乡、镇）。

3. 确定中国的七大地理区域，并在空白地图上使用不同颜色涂满这些区域。

4. 根据活动前搜集的资料，确定所选择地区的主要地理特征（山脉、山谷、沙漠、河流），并在空白地图上进行标记，为每种特征建立相应的符号。

5. 制作地图的图例。

6. 标出所选择地区的各个省（区、市）。

7. 在所选择地区的各个省（区）的省会城市处标上一颗星。

8. 为所选择地区的某个城市制作一份图文并茂的地理图鉴。（内容可包括：该城市的行政区划、地理环境、著名景点、人文特色、文学故事……）

- **思考**

你选择的地区适合建风力发电厂吗？

风与风力发电

风在哪里

要想建造风力发电厂，风能是关键，星星镇上是否有足够的风能资源呢？科学与工程实践小组又专心致志地研究起来了。

**阅读学习** 我国的风能资源分布

风能资源受地形的影响较大，取决于风能密度和可利用的风能年累积小时数。我国风能资源比较丰富。

**我国风能主要分布区域表**

| 区域 | 风能密度 | 可利用的风能年累积小时数（年平均风速≥6米/秒） |
| --- | --- | --- |
| 东南沿海及其岛屿（该区域也是星星岛所在的地区） | 有效风能密度大于、等于200瓦/米²的等值线平行于海岸线，沿海岛屿的风能密度在300瓦/米²以上 | 12000小时左右 |
| 内蒙古和甘肃北部 | 200～300瓦/米² | 2000小时以上 |
| 黑龙江和吉林东部以及辽东半岛沿海 | 200瓦/米²以上 | 3000小时以上 |
| 青藏高原、三北地区（东北、华北、西北）的北部和沿海 | 150～200瓦/米² | 3000小时以上 |

续表

| 区域 | 风能密度 | 可利用的风能年累积小时数（年平均风速≥6米/秒） |
|---|---|---|
| 云南、贵州、四川，甘肃、陕西南部，河南、湖南西部，福建、广东、广西的山区，以及塔里木盆地 | 50瓦/米² | 150小时以下 |

● **思考**

1. 影响风能资源丰富度的因素有哪些？

2. 查阅资料，了解风能密度和风能年累积小时数的含义。

3. 依据我国风能主要分布区域表，分析我国风能资源最丰富的地区是哪里。

4. 结合我国风能主要分布区域表，分析归纳什么样的地形能拥有较多的风能资源。

**课堂讨论**

不同地区的风能资源总量是否相同？

搜集我国各个地区风力发电厂的累计装机量的相关资料，建立关于风能潜力的班级数据库。

 风与风力发电

**风能潜力数据库**

| 地区 | 平均风速范围 | 风力充足可以建造风力发电厂的省（区、市） | 已经建立风力发电厂的省（区、市） | 该地区风力发电厂试点所产生的能源数量 |
|---|---|---|---|---|
| 东北 | | | | |
| 华北 | | | | |
| 华东 | | | | |
| 华中 | | | | |
| 华南 | | | | |
| 西南 | | | | |
| 西北 | | | | |

### 科学与工程实践活动 风在哪里

由于时间紧迫，科学与工程实践小组成员小思请你帮助他一起对星星岛所在地区的地形特点和风能利用的总体情况进行调查，以了解什么样的地方适合建造风力发电厂。

● 活动任务

了解星星岛所在地区风能的信息，根据所在地区情况完成风能调查活动。

● 活动过程

1.准备：确定调查范围，并拟订调查计划。基于你所学习的地形和风能相关知识，小组合作搜集该地区的风力发电厂的相关信息。

2.调查：借助不同的手段搜集资料，按照计划开展调查！

3.资料整理：整理并研究你所搜集的材料。

4.分析：根据下列不同地方的风力涡轮机图片和你所搜集到的信息，说一说建造风力涡轮机的地方都有哪些共同的特征。

不同地方的风力涡轮机

**共同特征**

## 11 风与风力发电

◉ **思考**

1. 为什么有些地区风能资源丰富,却没有建造风力发电厂呢?

2. 分析前期所获取的资料,你认为风力发电厂选址要考虑哪些因素?

经过一系列的信息搜集和调查研究,你能否结合星星岛的地形特点来为星星岛风力发电厂的选址提供建议呢?

# 2.5 风速有多大

科学与工程实践小组决定明天去现场勘测风力,他们需要事先了解勘测风力所必备的工具。

小思翻出手机上曾收到的一则天气预报,小伙伴们决定从这条信息中寻找可以借鉴的资料。

**大风黄色警报**

星星镇气象台2022年1月25日08时30分发布大风黄色预警信号:受冷空气影响,预计未来12小时,我镇部分地区东北风可达6~7级,阵风8~9级,请注意防范。

天气预报信息

**课堂讨论**

1. 天气预报中,一般是怎么预报风的?
2. 你从天气预报中找到了哪些与风有关的知识呢?
3. 预报这些信息可能需要用到哪些工具?

## 风向

风向标是指示和测定风向的仪器。一般是安在高杆上的一支铁箭,铁箭可随风转动,箭头永远指着风吹来的方向。风向标一般是一个不对称形状的物体,重心点固定于垂直轴上。当风吹过,对流动产生较大阻力的一端便会顺风转动,显示风向。

下图中风向标所指的风向是：＿＿＿＿＿＿。

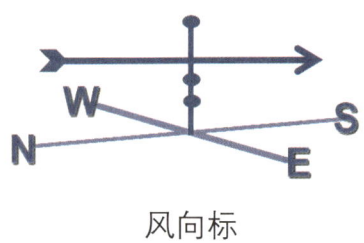

风向标

 风速

风速计是一种测量流体速度的仪器，通常用于测量风速。流体驱动螺旋桨或旋杯，通过其转动的速率就可以换算出流体的速度。

观察风杯风速计，说一说它有哪些基本结构，各结构起到什么作用。

风杯风速计

**你知道吗**

风杯风速计通过计算风杯的转速（每分钟转的圈数 $n$）就可以确定风速的大小。风速 $v=16rn/6000$，$r$ 为风杯转动半径，单位为厘米，$n$ 为每分钟转的圈数，最终风速 $v$ 的单位是米/秒。

### 科学与工程实践活动　制作风速计

科学与工程实践小组正在为风力发电厂进行选址。但是特特今天早上到达现场时，不小心把风速计给摔坏了！附近并没有风速计出售，所以大家只能利用当地杂货店里的材料来制作风速计。

- **活动任务**

依照工程设计流程设计并制作一个风速计，该风速计要求能够测量一定的风力情况。在规定时间内完成任务，最终将比较各小组风速计的测量准确度。

- **活动材料**

箱式风扇（每班1台；如果风速计无法在室外进行测试，可选配）、8个塑料杯或纸杯（85毫升大小）、8根塑料吸管、1支铅笔、1块橡皮擦、1颗图钉、8根工艺棒、彩泥或黏土（约1/4杯）、1把剪刀、1卷透明胶带、1块纸板（约15厘米×15厘米）、1个订书机、1把直尺、若干安全眼镜或护目镜。

- **活动要求**

1. 只能使用所提供的材料（不需要使用所有材料）。
2. 风速计在不被手触碰的情况下，就能随风转动。
3. 能够通过测量风速计的转速（如每分钟的转数）来测量风速。
4. 小组所有成员都必须参与设计和制作过程。
5. 必须使用工程设计流程来设计风速计。

现在让我们一起来制作一个风速计吧！

 风与风力发电

 定义问题

科学与工程实践小组在设计制作风速计之前需要知道风速计的成功标准和限制条件。例如，风速计应该具备哪些功能，这些称为成功标准；应该克服哪些困难，这些称为限制条件。

请小组讨论风速计的成功标准和限制条件都有哪些。

**风速计的成功标准和限制条件**

| 成功标准 | 限制条件 |
|---|---|
| 1. 风速计在不被手触碰的情况下，就能随风转动。 | 1. 在强风下风速计不会被刮散架。 |
| 2. _____。 | 2. _____。 |
| 3. _____。 | 3. _____。 |

 了解问题

定义问题后需要进一步了解问题，了解问题就是通过查阅相关资料、开展头脑风暴等方法来提出解决方案，然后研究并选择最佳方案。例如，可以查阅"如何保护风速计在强风下不被刮散架"的相关资料。或者还可以借助前人的智慧，在前人的基础上加以改进。

小组分工合作，依据成功标准和限制条件来查阅相关资料，然后交流讨论，筛选方案。

项目二　风在哪里

 拟订解决方案

接下来开始拟订解决方案，调查并列出所需的材料，确定将采取的步骤，并用草图、便笺等形式把方案表现出来。

**1** 画出风速计的草图，并说明设计理由。

**2** 列出制作步骤，并写出制作过程中需要用到的工具、材料和技术。

风速计的制作步骤及相关工具、材料和技术

| 制作步骤 | 所需工具、材料和技术 |
| --- | --- |
|  |  |

 尝试解决方案

当小组拟订完解决方案后，就可以开始尝试解决方案，按照设

 风与风力发电

计方案制作风速计。

在制作过程中遇到了哪些问题？你们是如何处理的？

**制作过程中遇到的问题与对策**

| 遇到的问题 | 我们的对策 |
|---|---|
| 1. | 1. |
| 2. | 2. |
| 3. | 3. |

 **测试解决方案**

风速计制作完成后需要对它进行测试。各组在距离电风扇不同位置放置风速计，测试风速计是否达到标准。

**风速计测试结果记录表**

| 位置 | 风速 | 效果 |
|---|---|---|
|  |  | ☆ ☆ ☆ ☆ ☆ |
|  |  | ☆ ☆ ☆ ☆ ☆ |
|  |  | ☆ ☆ ☆ ☆ ☆ |

**确定解决方案**

根据测试结果和他人反馈，不断改进设计，直到能够完全满足

要求为止。

**1** 提出问题：为了使风速计更好地工作，你们会如何进行改进？

_____

_____

**2** 形成假设：如果我们_____，那么我们的风速计会_____

_____。

**3** 检验假设：设计一个研究计划来检验你们的假设。列出风速计需要改进的地方，并设计一个研究计划检验相关假设。

**4** 分析检验结果：对改进后的风速计再次进行测试，记录数据，并分析改进之后发生的变化。

### 数据记录表

| 位置 | 第一次改进后的测量数据 | 第二次改进后的测量数据 | …… |
|---|---|---|---|
| 地点一 | | | …… |

续表

| 位置 | 第一次改进后的测量数据 | 第二次改进后的测量数据 | …… |
| --- | --- | --- | --- |
| 地点二 | | | …… |
| 地点三 | | | …… |

风速计示范模型

5 形成结论：写出能完全满足测量需求的风速计的制作说明书。

项目二 风在哪里

 **展示**

**1** 结合风速计说明书，向全班同学展示本小组制作的风速计。

**2** 活动结束后，收好所有的材料，用肥皂和清水洗手，并完成评价表。

**评价表**

| 评价 | ★★★★★ | ★★★★ | ★★★ |
|---|---|---|---|
| 自评 | | | |
| 互评 | | | |
| 教师评 | | | |
| 我的收获 | | | |

**拓展活动**

1. 在实地测量时，有的同学发现了一个问题：当风速很大，风杯旋转速度很快时，许多同学的眼睛跟不上风杯的转动，根本没办法准确计算风杯转动的次数，同学们有什么好办法能解决这个问题吗？

风与风力发电

2.为了了解所选择的地区是否适合建造风力发电厂，科学与工程实践小组需要设计一份"每日风速图"，将每天测量的数据记录在图表上。请你为风速计收集的数据创建图表。

图表中应包括哪些内容？
应该使用哪种类型的图表？

# 项目三

# 捕获风能

## 项目活动

地球上的风能资源十分丰富,且相比于火力发电,风力发电更加环保。风能资源越来越被人们所重视,一座座风力发电厂拔地而起。

通过本项目的学习,你将了解到风能的优缺点,并通过计算知道风力发电厂的经济效益,认识到风能是如何转换成电能的,进而思考如何正确、高效地利用风能。

# 3.1 风能优缺点分析

能源，为人类创造了多姿多彩的生活。不同的能源各有什么特点？风能有哪些优缺点？让我们一起来学习一下吧！

## 认识能源

能源又称能量资源，是可以直接或经转换提供人类所需的光、热、动能等任一形式能量的载能体资源。

太阳能与风能

**课堂讨论**

1. 通过之前的学习，你认为有哪些方法能够增加电能的供应？

2. 通过项目一的学习我们已经认识了不同的能源以及它们的特点，请你结合项目一所学的知识，与组内成员进行讨论，对比风能和其他能源的利用价值。

## 你知道吗

能源是人类社会发展的动力之一，人们对能源的利用在不断地发展进步，总的来说有四个阶段：

能源发展的最初始阶段是以自然能源为主，例如：通过燃烧木柴、秸秆等来获取能量。

随着工业的发展，煤炭成为主要的能源，以保证工厂机器的日常运作。

石油和天然气的发现与普及让能源的利用进入了第三个阶段。

现在，人们对能源的利用更加广泛了，在能源利用的基础上，进一步开发可再生能源和清洁能源，例如：风能、太阳能、潮汐能等。

近年来，环境保护越来越受到人们的关注。一方面人们关注环境、保护环境，而另一方面为满足人们的幸福生活仍需要开发和开采一些能源。

## 11 风与风力发电

**课堂讨论**

煤炭、天然气、石油、太阳能等能源广泛应用于我们的生活当中,你对这些能源了解多少呢?它们都有哪些优缺点呢?与同组成员一起讨论分享吧!

 ### 风能优缺点

作为新能源之一的风能,人们对其开发利用还不广泛,运用你所学习的知识,搜集资料,说说风能有哪些优点和缺点。

**风能的优点和缺点**

| 优点 | 缺点 |
| --- | --- |
| 无污染 | 不稳定 |
|  |  |
|  |  |
|  |  |

风能作为可再生的清洁能源,越来越受到重视。很多城市开始建设风力发电厂,在海边、山上也都能看到成片的风力发电厂。请查阅资料了解我国风能开发利用的情况,以及我国对新能源的需求。结合所学,你认为我国应不应该增加风能的开发利用呢?为什么?

 ### 没有电的一天

茉茉家住在人员聚集的小镇上,供电有限,在晚上的用电高峰期经常会出现电力供应不足的情况,甚至造成短暂的停电。有一天,科学与工程实践小组的伙伴们在茉茉家研讨学习时又遇到了停电的情况，于是他们开始针对停电的问题交流各自的看法。

在停电的一天中，可能会发生哪些事情呢？请展开你的想象，跟同学们讲述"没有电的一天"的故事吧。

**没有电的一天**

 风与风力发电

# 3.2 学会理财

电与我们的生活密切相关。你知道你家每个月的电费支出吗？该如何做到家庭收支平衡呢？

 ## 电力与费用

电费的数额与家庭用电量有关。在计算电费之前，我们需要了解有关"家庭用电量"的关键信息。

**是什么**

> 家庭用电量通常是以千瓦时（符号：kW·h；常简称为度）为单位来衡量，1千瓦时表示一件功率为1千瓦的电器连续使用1小时所消耗的能量。

**课堂讨论**

你观察过家中的电表吗？从中你能获得哪些信息呢？

**科学与工程实践活动　一个月的电费计算**

特特帮妈妈交电费的时候，十分好奇电费是如何计算的。询问工作人员后他了解到，电费与电器每小时的用电量以及使用了多长

时间有关，于是他找出了家中几种常用电器的说明书，尝试计算月用电量和一个月的电费。

特特观察到家中常用的电器有电饭煲、洗衣机、冰箱、烧水壶、电视和电灯。他先根据各个电器的说明书，调查并记录下这些电器每小时的用电量，又通过询问妈妈知道了各个电器每天使用的时长，具体见下图。

电饭煲　　　　　　　洗衣机　　　　　　　冰箱

日用时：1小时　　　日用时：1小时　　　日用时：24小时

每小时用电量：0.5千瓦时　　每小时用电量：0.23千瓦时　　每小时用电量：0.04千瓦时

烧水壶　　　　　　　电视　　　　　　　电灯

日用时：0.5小时　　日用时：5小时　　　日用时：5小时

每小时用电量：1.2千瓦时　　每小时用电量：0.2千瓦时　　每小时用电量：0.008千瓦时

各种常用家用电器的用电情况

### 活动要求

1. 根据各个电器每小时的用电量、每天使用的时长以及电费价格(电费价格以每千瓦时0.5元计算),计算出各个电器的日用电量、月用电量(以每月30天计算)和月电费,并将你的计算结果填写在下面的表格中。

2. 根据表格内容,计算出特特一家一个月总的电费。

**用电量与电费记录表**

| 家电名称 | 日用电量/千瓦时 | 月用电量/千瓦时 | 月电费/元 |
|---|---|---|---|
| 电饭煲 | | | |
| 洗衣机 | | | |
| 冰箱 | | | |
| 烧水壶 | | | |
| 电视 | | | |
| 电灯 | | | |
| 总计 | | | |

### 思考

1. 哪种电器月用电量最高呢?哪种电器月用电量最低呢?

2. 观察你家还用到了哪些电器,应该如何计算你家的用电量?

3. 怎么样才能减少月用电量呢?

**你知道吗**

能源效率标识，简称能效标识，是指附在用能产品上的信息标签，主要用来表示产品的能源性能（通常以能耗量、能源效率等形式给出）。根据国家的相关标准规定，我国的能效标识将能源效率分为5个等级。其中，等级1表示产品节电已达到国际先进水平，能耗最低。消费者在购买产品时，可以根据能效标识选择高能效节能产品。

中国能效标识

**课堂讨论**

和其他小组同学交流你家的用电量，并找出你家使用时长最长和耗电最多的电器。

## 理财

特特家平时是由妈妈负责家庭的日常花销，如物业、通信、用水、用电等开支，而这个月妈妈发现：家里的花销突然增加了，特别是电力的花销。特特认为，要想在满足日常生活的情况下合理分配家庭花销，保持家庭花销的平衡，那就得掌握一点理财知识。

如何才能积攒自己的小金库呢?

当你的收入大于支出时,就可以啦!

### 是什么

收入:在一定时间内获得的钱。

支出:在一定时间内用于购买设施或支付服务费用的资金。

理财:管理财物或财务。

## 科学与工程实践活动 学会理财

假设你已经被一家风能公司录用了,每周有2000元的工资,根据每周大致的花销项目清单,尝试学习理财。

| 住宿:500元 | 水果:50元 | 理发:30元 |
| 三餐:300元 | 猫粮:100元 | 电影票:50元 |
| 交通:50元 | 水电费:50元 | 周边旅行:300元 |
| 日用品:100元 | 教育培训:200元 | 健身房会员:100元 |
| 话费:50元 | 新衣服:150元 | 理财或储蓄:100元 |
| 健康保险:150元 | 新鞋子:150元 | |

每周花销项目清单

● **活动任务**

以不同的卡片代表相应的商品和服务，根据你的需求，选择你想要购买的商品或服务，学习理财。

● **活动要求**

1. 每人有一个纸袋，从以上的商品中选取你所需商品的卡片放入你的纸袋中。

2. 计算你所选取商品的总价，检查是否超出了2000元。

3. 若有超出部分，请从你选购的商品中挑选一样或几样放回货架上。

4. 重新计算你选购的商品，确保商品的总价不超过2000元。

● **思考**

1. 选出你购买的生活必需品，查看购买的生活必需品个数，说说你为什么要在这些必需品上花钱。

2. 看看自己的卡片，你的商品能够满足你一周的基本生活吗？

3. 你的选择依据是什么？

 风与风力发电

# 3.3 风力发电厂预算分析

风能是丰富、近乎无尽、广泛分布的。在大家眼里，风力发电是一个将免费的风能转换成有经济效益的电能的项目。实际上，虽然风力是免费的，但在建造风力发电厂的过程中，仍需要前期投入，这个看似非常理想的项目，它的经济效益是怎样的呢？让我们一起来进行风力发电厂预算分析吧！

## 是什么

**经济效益**：指在经济活动中，劳动耗费（或资金占用）与所取得的劳动成果之间的对比关系。

**预算**：对于未来一段时间内的收入和支出的预计方案。

**成本**：产品在生产和流通过程中所需的全部费用。

## 科学与工程实践活动 风力发电厂预算分析

小镇得天独厚的风能资源吸引了投资者前来投资。为了让投资者更加了解风力发电厂，科学与工程实践小组正在分析风力发电厂前期的经济效益，看看建造一座风力发电厂的成本及效益如何。

项目三　捕获风能

- **活动任务**

阅读下面的资料，与小组成员一起，完成风力发电厂的预算分析。

1. 土地每亩1000元。
2. 每台风力涡轮机需要3亩的土地。
3. 把风力涡轮机周围的土地租给当地的农民种植，每亩可以收取租金200元。
4. 风力发电厂将为33000户家庭提供电力。
5. 输送电力的变电站距离风力发电厂6千米。
6. 将电力输送到变电站的电缆花费是每千米20000元。
7. 容量为1兆瓦的风力涡轮机的成本为700万元。
8. 该风力发电厂使用的风力涡轮机每小时产生1.5兆瓦时的电，即它有1.5兆瓦的容量。
9. 一台风力涡轮机可以为330户家庭供电。
10. 每户家庭每年的用电量为1800千瓦时。
11. 消费者的电费收取标准是0.56元/千瓦时。
12. 生产1千瓦时的电能成本为0.35元。
13. 政府提供了2000万元的拨款来启动该项目。
14. 1兆瓦时＝1000千瓦时。

- **活动准备**

1. 为方便计算，请你先将上面的支出项目和收入项目进行分类，把序号填入下面的圆圈中。

支出项目　　　　　收入项目

 风与风力发电

2.在进行预算分析之前,请回答以下问题:

(1)你们需要多少台风力涡轮机来为33000户家庭供电?(提示:一台风力涡轮机可以给330户家庭供电,所以330×?=33000)

_____

(2)你们的风力涡轮机需要多少亩的土地?(提示:每台风力涡轮机需要3亩土地)

_____

(3)33000户家庭每年将使用多少兆瓦时的电量?(提示:每户每年使用1800千瓦时)

_____

● **活动过程**

1.根据以上的材料,计算出建造风力发电厂所需的支出金额。

2.根据以上的材料,计算出建造风力发电厂预期的收入金额。

3.依据你所计算出的支出金额和收入金额,创建一个预算表,然后计算差额,看看收入和支出哪个更多。

- **思考**

风力发电厂的前期支出与你预期的金额差别大吗?经过计算,你对"风能是一种免费的清洁能源"这句话有什么新的理解?

 风与风力发电

# 3.4 探索风力涡轮机

通过观察、计算，科学与工程实践小组成员初步了解了风力发电厂的成本和收支预算。茉茉感叹道："要做到将免费的风能利用起来，原来还需要这么多经费的投入呀！"为了提高风力发电厂的经济效益，科学与工程实践小组还将继续探索。经过讨论，他们决定从风力涡轮机的工作效率入手。

##  认识电压表

电压表是一种测量电压的仪器。我们要正确了解电压表的使用方法。

**1** 一般电压表有3个接线柱：一个负接线柱，2个正接线柱。

**2** 测量前，选择合适的电压表，被测电压的大小应在电压表的量程范围内。

**3** 测电压时，必须把电压表连接在被测电路的两端；正负两个接线柱不能接反。

**4** 连接电路进行检测时，需等到指针稳定后，读出刻度盘上的示数。

电压表

## 科学与工程实践活动  捕获风能（第一部分）

● **活动任务**

自制风车捕获风能。

● **活动材料**

1个小电机、1张绘有风车图案的纸、卡纸若干、1把热熔胶枪、1把电吹风、鳄鱼夹导线若干、1只小灯泡、木块若干、塑料若干、铝箔若干、电压表（每班1个）、箱式风扇（每班1个）、2块泡沫板、1把剪刀、黏土或软木若干、工艺棒（普通尺寸和大号各6根）、4张索引卡、6根塑料吸管、1卷胶带、尺子。

上述材料已包含本活动第二部分所用材料。

● **活动过程**

1. 小组合作完成一个纸质风车，如右图所示。

2. 将风车固定在电机的转轴上。

3. 用鳄鱼夹导线连接电机与电压表。

4. 把风车放置在距离风扇约30厘米的地方，打开风扇，让风车快速转动起来。

5. 读出电压表的示数，并记录下来。

纸质风车

**你知道吗**

通常情况下，当风通过风力涡轮机时，并不是所有的风能都是可以被风力涡轮机直接利用的。传统的风力涡轮机最多只能利用59.3%的风能。

 风与风力发电

##  叶片设计

如何能够提高风力涡轮机的工作效率（即将同等的风能转化为更多的电能）呢？科学与工程实践小组的成员开始了讨论，请你也加入他们吧！

> 我认为可以改变风力涡轮机扇叶的质量，让它变轻一点。

> 能不能把叶片加长，这样能收集更多的风。

根据捕获风能的实验和小组讨论的结果，分析影响风力涡轮机能量转换效率的因素有哪些。

我认为影响风力涡轮机能量转换效率的因素有＿＿＿＿＿＿＿＿＿＿＿＿＿＿＿＿＿＿＿＿＿＿＿＿＿＿＿＿＿＿＿＿＿＿。

### 你知道吗

变量指在某个过程中，数值可以变化的量，也称为变数。变量包括自变量和因变量。其中，自变量是指会引起其他变量发生变化的变量；因变量是指由一些变量变化而被影响的量。

探究问题时，如果许多因素同时发生变化，很难分辨是什么原因导致实验对象发生变化，此时我们需要分析各个因素之间的关系，选择一个主要因素进行探究。

请使用科学方法来改进你们的设计。为了准确对比出所改变的条件是否会影响风力涡轮机能量的转换效率,请你严格按照对比实验的要求进行实验!

尝试设计不同的叶片来进行对比实验,验证我们的假设吧!

如何做到对比实验的公平性呢?

## 科学与工程实践活动 捕获风能(第二部分)

### ⦿ 活动任务

1. 任务一:测试材质不同的叶片捕获风能的能力。
2. 任务二:测试长度不同的叶片捕获风能的能力。

### ⦿ 活动要求

1. 任务一要求。

(1)选择大小相同、材料不同的叶片进行实验。

(2)设计实验记录表,将叶片的材料记录到表格中。

(3)将制作完成的风车置于风扇前30厘米处,用电压表测量电压,并将结果记录在表格中。

(4)重复以上步骤3次,将结果依次记录在表格中,测试出同样大小、不同材料的叶片将风能转化成电能的能力。

（5）根据表格中的记录，选择出最合适的叶片材料。

2.任务二要求。

（1）选择材料相同、长度不同的叶片进行实验。

（2）设计实验记录表，将叶片的长度记录到表格中。

（3）将制作完成的风车置于风扇前30厘米处，用电压表测量电压，并将结果记录在表格中。

（4）重复以上步骤3次，将结果依次记录在表格中，测试出同种材料、不同长度的叶片将风能转化成电能的能力。

（5）根据表格中的记录，选择出最合适的叶片长度。

● 思考

1.在两次制作叶片的过程中，需要注意什么呢？

2.根据上述实验结果，你能验证你的假设吗？你的结论是什么？

3.请你参考以上实验结果，设计一种捕获风能能力最佳的叶片。

#  3.5 风力发电厂拯救计划

小思得到了一个好消息！一群投资者有兴趣为星星镇的风力发电厂投资500万元。坏消息是，投资者已经了解到，周边社区居民对该风力发电厂产生的环境影响存在担忧，例如对周围野生生物的危害、噪声污染、视觉影响等。你将要和小思一起同投资者开会讨论这个问题。

为了准备这次会议，你需要研究环境问题，了解风力发电厂对周围环境的不良影响，然后设计方案来解决其中一个环境问题。最后，向投资者展示这个方案，说服他们投资你的风力发电厂。

##  风力发电厂的环境影响

风力发电厂对周围环境都有哪些影响呢？请你查阅资料完成表格吧！

**风力发电厂对环境的影响**

| 不利影响 | 表现 | 影响来源 |
| --- | --- | --- |
| 对野生生物的危害 | | |
| 噪声污染 | | |
| 视觉影响 | | |
| 其他 | | |

## 11 风与风力发电

**你知道吗**

风力发电厂建设的过程中可能会破坏野生动植物的生存环境，尤其对鸟类和蝙蝠影响较大。风力涡轮机在运转时产生的噪声可能会影响鸟类的交流和繁殖，导致其数量减少。同时，风力涡轮机的旋转叶片等可能会成为鸟类和蝙蝠的障碍物，造成撞伤或死亡。

风力发电厂对鸟类的影响

### 科学与工程实践活动 风力发电厂拯救计划

通过前面内容的学习，我们对风力发电厂的成功标准已经有所认识，并找到了增进风力发电厂经济效益的一些办法。风力发电厂的建设会对周围的环境造成不利的影响，针对周边群众的担忧，我们应该如何解决？

- **活动任务**

针对风力发电厂所带来的某个环境问题，依照工程设计流程设计一个解决方案。

- **定义问题**

1. 我准备解决的问题是_____。
2. 解决该问题的成功标准和限制条件是什么呢？

**成功标准和限制条件记录表**

| 成功标准 | 限制条件 |
| --- | --- |
|  |  |

● **了解问题**

根据成功标准和限制条件,通过查阅相关资料、开展头脑风暴等方法来提出多种解决方案。

● **拟订解决方案**

1. 针对小组所选择的环境问题,你们认为哪一个解决方案是最适用的?

我们选择的解决方案是＿＿＿＿＿＿＿＿＿＿＿＿＿＿＿＿＿＿＿。

2. 制订一个可行的方案需要考虑哪些方面(解决方向)?

3. 如果你们正在设计一个设备或产品，请画出设计草图。

● 尝试解决方案

列出方案中的步骤，思考如何实现方案。如果你们正在设计一个设备，根据设计草图，尝试进行制作。

● 测试解决方案

向其他小组或家庭成员展示你们的方案。他们有什么改进的建议吗？

● **确定解决方案**

根据他人的反馈，你们会改变方案吗？将会改进哪个部分？

## 展示

下个月的 1 号星星镇将举办招商会，届时你和你的小组成员将带着你们的方案向投资者进行展示，使他们愿意投资小镇的风力发电厂。你们将如何进行介绍呢？

**1** 介绍问题。科学与工程实践小组通过查阅资料、观察、谈话等方式了解到风力发电厂的建造可能会给野生生物带来危害、产生噪声污染、造成视觉影响等，请将这一情况介绍给来小镇的投资者们，可以利用一些插图和多媒体等进行展示。

风力发电厂的建造给周边带来的问题：

**2** 解释问题。为了让投资者们能够继续投资，请详细介绍为什么风力发电厂的建造会带来这些环境问题，以及这些环境问题的

## 风与风力发电

严重程度。在介绍过程中，可以补充一些你搜集到的相关的信息和例子。

造成环境问题的原因：

严重程度：

**3** 提出方案。接着，给出你们小组针对这些环境问题所提出的具体的解决方案，尝试使用科学且精准的词语或语句来表达或解释你们的解决方案。

解决方案：

**4** 总结方案。对上述问题和解决方案进行总结，想办法让投资者认可你们的解决方案。

总结：

# 项目四

# 风力发电厂挑战

## 项目活动

风力发电厂的选址至关重要。风力发电厂的选址离不开对自然环境、风能潜力、技术水平、经济情况、当地居民支持程度等因素的考虑。一个合适的位置,能够让风力发电厂的效益最大化。

通过本项目的学习,你将能够根据风力发电厂的经济成本、环境影响和技术特点来为风力发电厂选址并策划提案。你还将宣传风能行业相关的职业,对风力涡轮机做出改进,以此说服社区居民同意建造风力发电厂。

# 4.1 风力发电厂创业计划

科学与工程实践小组的成员已经搜集到了许多关于风力发电厂的资料,他们打算说服镇长与社区成员建造风力发电厂。小思问道:"建造一个风力发电厂,我们需要做哪些事情呢?"

大家都陷入了沉思……

足智多谋的特特建议大家来一场头脑风暴,围绕这个问题进行讨论,并将自己的想法写下来。

**关于建造风力发电厂的想法**

> 建造风力发电厂第一件事要做什么呢？为什么要先做这件事呢？

**课堂讨论**

要先寻找投资者，因为资金对于风力发电厂的运作是必要的。

需要购买一栋楼，有了场所才可以进行风力发电厂的建造。

要撰写关于风力发电厂的创业计划书。

关于建造风力发电厂第一件事要做什么，科学与工程实践小组成员你一言我一语，大家争论不休，各有各的观点。大家的发言也没有条理性，谁也说服不了谁。小思提议道："我们可以按照之前所学的科学写作的方法将自己的想法进行表述。"

 **介绍观点**

请介绍你的观点，围绕"建造风力发电厂第一件事要做什么呢？"这一问题进行分析归纳，用3~5句话进行说明。

我的观点：

介绍：

 风与风力发电

 **寻找信息**

结合问题搜集相关信息，为自己的观点提供有利的依据。可以利用网络、报刊、图书馆等资源进行信息搜集。

相关信息：

 **信息整理**

根据自己的观点整理搜集到的信息。可以结合思维导图、饼图、柱状图等形式进行整理。

信息整理：

 **总结与展示**

根据观点和信息进行总结与展示。可以借助PPT、视频等方式进行总结与展示。

总结与展示：

**你知道吗**

在建造风力发电厂之前，需撰写创业计划书，该计划书的宗旨是说服当地社区支持建造风力发电厂。在计划书中，应包括风力发电厂建造计划的概述、选定的建造地址、风能的效益、风力发电厂给当地居民带来的就业机会、建造风力发电厂的预算分析等。

# 风力发电厂位置确定

科学与工程实践小组成员聚在一块儿讨论，小思说道："通过前面的学习，我们已经了解了创业计划书的相关知识，接下来将进入新一轮的挑战——为风力发电厂选择一个合适的位置。"

终于可以建造风力发电厂了，我觉得所在位置的风力大小很重要。

我觉得要考虑地形的因素。

我觉得要综合考虑，多角度思考问题。

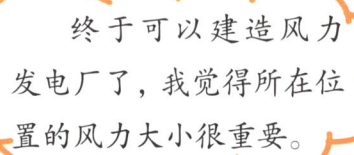

**科学与工程实践活动** **确定风力发电厂的位置**

● 活动任务

请你在星星岛选择某个地区，展开调查，在该地确定一个适合建造风力发电厂的位置。

● **活动过程**

1. 初选位置：结合"项目二：风在哪里"的相关内容，根据星星岛的地形特征，初步确定风力发电厂的所处区域。

> **初选位置**
>
> 初步确定区域：
>
>
> 选择依据：

2. 拟订计划：你想调查哪些信息来确定风力发电厂的位置？基于你所学的关于风力发电厂选址的知识，小组合作确定调查范围和内容，并拟订调查计划。

3. 实施调查：借助网络搜索、图书馆、访谈等资源进行信息的搜集。（提示：可以利用网络搜索引擎，结合气象数据、地区的电力线路接入情况以及对环境和社区的影响等相关信息来进一步确定适合建造风力发电厂的位置）

4. 搜集证据：通过前面的学习，你们已经知道地形和风能资源情况对于风力发电厂选址具有重要意义，根据搜集到的信息研究该位置的地形和风能资源情况，为建立风力发电厂提供有力的依据。

5. 整理资料：基于所学的知识，用科学语言、概念图、统计图表等方式记录并整理信息，表述调查结果。你会如何对上述资料进行分类统计？整理并研究你所搜集的材料。

 风与风力发电

6. 确定位置：将你最终选择的位置以及依据填入相应区域。

**确定选址**

地址：

选择依据：

● **思考**

这个地方的地形、风能潜力、风力大小适合建造风力发电厂吗？

# 4.3 风力发电厂效益解释

在活动推进的过程中，科学与工程实践小组发现风力发电厂的选址与地形、气候以及风力发电厂产生能源的潜力都有重要的关系。

为了获得社区的支持，风力发电厂的潜在经济效益同样是需要考虑的重要因素。因此，月亮校长组织了一场关于风力发电厂潜在经济效益调查的活动。

## 科学与工程实践活动 风力发电厂挑战：经济效益

### ● 活动任务

调查所处城市的风力发电厂为城镇带来的经济效益。

### ● 活动过程

1.你打算调查哪些信息来了解风力发电厂为城镇带来的经济效益？确定调查范围，并拟订调查计划。

调查范围：

调查计划：

2.使用网络地图服务，找到距离所处城市风力发电厂位置最近

的城镇,并在地图上用星星标出,将此区域的地图粘贴在下方的方框中。

城镇地图粘贴处

3.利用搜索引擎查找该城镇原有的电力成本,并调查风力发电的电力成本,做好记录,并根据相关数据进行对比。

(1)原有的电力成本:_____

(2)风力发电的电力成本:_____

4.利用搜索引擎查找风力发电厂为该城镇带来的税收,并做好记录。

风力发电厂的税收:_____

◉ 思考

1.根据上述数据,你将如何为居民呈现你所搜集到的信息?它们能展示出风力发电厂的潜在经济效益吗?

2.这些经济效益以及风力发电厂的环保优势能说服社区的居民,让他们同意建造风力发电厂吗?

项目四 风力发电厂挑战

**你知道吗**

风力发电厂的潜在经济效益包括稳定能源供应、稳定能源价格、创造就业机会。此外,当地社区从其他遥远地区购买燃料的需求也可能会减少。

就业问题一直是星星镇的热门话题,当与风力发电厂相关的新业务进入社区时,人们会对它可能在当地产生的工作岗位感兴趣。科学与工程实践小组非常想了解:如果建成风力发电厂,那么能为当地带来什么样的职业和就业的变化呢?

**科学与工程实践活动**

## 风力发电厂挑战:相关职业

- **活动任务**

调查风力发电厂的相关职业,并思考这会给星星镇带来什么样的就业变化。

- **活动过程**

1. 利用互联网查找与风力发电厂相关的三个职业以及从事该职业需要具备什么样的学历或技能,利用表格的形式汇总数据。

**相关职业调查表**

| 序号 | 职业 | 学历 | 技能 |
|---|---|---|---|
|  |  |  |  |

105

## 11 风与风力发电

续表

| 序号 | 职业 | 学历 | 技能 |
|---|---|---|---|
|  |  |  |  |
|  |  |  |  |

2. 根据上一活动中确定的城镇，调查该城镇建造风力发电厂前本地居民的主要职业和建造风力发电厂后带来的职业变化，利用图表进行对比。

◎ 思考

1. 这些职业能说服社区的居民同意建造风力发电厂吗？

2. 这些新的职业会给星星镇带来什么样的就业变化呢？结合调查的城镇举例说明。

# 4.4 风力发电厂反对意见调整

月亮校长提醒科学与工程实践小组成员，虽然建造风力发电厂可以为当地带来经济、环境等方面的好处，但征求社区的同意是非常重要的，需要仔细倾听居民们的意见。

**访谈调查法**

访谈调查，是以口头形式，根据被询问者的答复，搜集客观的、不带偏见的事实材料，以准确说明受访者所代表的群体的一种方式。尤其是在研究比较复杂问题时，需要向不同类型的人了解不同类型的材料。

运用访谈调查法要先确定好访谈对象、设计好访谈问题。

**问卷调查法**

问卷调查，是以书面形式提出问题，进行资料搜集的一种研究方法。研究者将所要研究的问题编成问题表格，以邮寄、网络、当面作答等方式填答，从而了解调查对象对某一现象或问题的看法和意见。

## 科学与工程实践活动 搜集居民意见

● **活动任务**

搜集社区居民对风力发电厂的意见。

● **活动过程**

1. 提前准备访谈问题或调查问卷，并拟订调查计划。

| 调查计划 |
|---|
| ● 你想对哪些居民进行采访？为什么？<br>_____<br>_____<br><br>● 你想设计哪些问题？（问题可以是选择题、填空题、问答题、排序题、打分题等等）<br>问题一：_____<br>问题二：_____<br>问题三：_____ |

2. 采用进社区访谈或发放调查问卷的形式来搜集居民对风力发电厂的意见。

3. 对搜集到的信息进行归类与整理。

4. 利用数据图表（如饼图、条形图等）展示居民意见统计结果。

◦ **思考**

1. 根据数据图表,思考如何处理与解决居民的反对意见。
2. 为了征得居民的同意,你会对风力发电厂方案做出什么修改?

通过调查,科学与工程实践小组成员收到鸟类保护中心的志愿者提出的顾虑:风力涡轮机的叶片会伤害鸟类。

**课堂讨论**

该如何减少风力涡轮机对鸟类的影响,从而打消鸟类保护中心的志愿者的顾虑呢?

经过之前的学习,大家已经对风力涡轮机叶片的不足有了初步的了解,接下来请利用工程设计流程,设计风力涡轮机,并制作模型。

## 风力涡轮机工程设计流程

| | |
|---|---|
| 定义问题 | 请你和你的小组成员一起讨论,设计出一种风力涡轮机模型,能够减少对鸟类的伤害并解决鸟类保护中心志愿者的顾虑 |
| 了解问题 | 小组讨论:风力涡轮机叶片的哪些特征会伤害到鸟类呢?如何制作能够减少对鸟类伤害的风力涡轮机模型?进行头脑风暴,并把想法记录下来 |
| 拟订解决方案 | 涡轮机的叶片过大、过长可能会影响鸟类。查阅相关资料,分析如何改善叶片,减小影响。然后拟订解决方案,绘制设计草图并标明所需的材料,在设计时注意考虑减轻产品对环境的负面影响 |
| 尝试解决方案 | 使用拟订的方案建构模型。在模型制作过程中遇到的问题,通过小组协作的方式解决处理 |

## 风与风力发电

续表

| | |
|---|---|
| 测试解决方案 | 测试风力涡轮机的工作情况，搜集同伴或家庭成员对该模型的反馈 |
| 确定解决方案 | 在你们的模型开始工作之后，根据实际工作情况进行适当改进。你会如何改进，使你的风力涡轮机对环境的负面影响降到最低 |
| 展示 | 向同伴展示你们制作的风力涡轮机模型。搜集建议，必要时对模型进行修改 |

# 4.5 风力发电厂成果展示

近期，科学与工程实践小组有一个大大的苦恼：前期已经确定好风力发电厂的位置了，也调查了风力发电厂的经济效益、相关职业、居民的意见等，并且解决了鸟类保护中心志愿者的顾虑，那该怎么撰写一份风力发电厂创业计划书并进行汇报展示，来说服社区居民以及潜在投资者同意建造风力发电厂呢？

## 科学与工程实践活动　风力发电厂成果展示

○ **活动任务**

完成风力发电厂创业计划书并进行汇报展示。

○ **活动要求**

1. 回顾小组的计划并将信息进行整理，拟订风力发电厂创业计划书。

**风力发电厂创业计划书应包括的主要内容**

| | |
|---|---|
| 概述 | 简要概述计划 |
| 说明 | 说明风力发电厂的位置和提议内容 |
| 营销 | 解释风力发电厂为当地居民带来的效益 |
| 相关职业 | 重点介绍一个与风力发电厂相关的职业 |
| 调整 | 针对建造风力发电厂的反对意见，提出解决的方法并展示模型 |

## 11 风与风力发电

续表

| 财务计划 | 制订预算 |
|---|---|
| 结论 | 总结该计划的效益 |

2. 以拟订的创业计划书为基础，结合所调查的相关资料，与小组成员讨论并确定创业计划书的呈现形式，包括文本、多媒体文稿，以及视觉、听觉等具体呈现形式。

3. 根据讨论所获得的信息，制作PPT用于多媒体汇报展示。

4. 根据风力发电厂创业计划书，向风力发电厂附近的居民以及潜在投资者进行多媒体汇报展示。注意汇报时，逻辑通顺、语速适中，可以适当结合一些事实和细节性的描述以支持主要的观点。

5. 在进行多媒体汇报展示时，应使用标准的普通话。

● 思考

1. 投资者对你们的创业计划书可能会提出哪些问题？
2. 如何使你们的创业计划书更有说服力？

**是什么**

**说服性语言**是指使用语言来影响人们，改变他们对于某件事物的看法或让他们同意自己的观点。

**说服性写作的基本结构**包括话题、说明、结论。

小思是一个喜欢动脑的孩子，但他的书写很不认真，"龙飞凤舞"，月亮校长非常头疼。茉茉和小伊知道后，用自己的亲身经历让小思意识到认真书写的重要性。他们是如何表达的呢？

茉茉说："我之前和你是一样的态度，但有次数学测试有一道应用题的答案是56，我写的也是56，只不过'5'写得潦草了些，老师却给我打了叉，原因是老师说我的'5'看起来像'8'。我不服气，让同桌看了一遍，没想到她也认成了'86'，我这才开始意识到认真书写的重要性。"

小伊补充道："没错，我也有相似的经历！上周的语文写作，老师说我的作文细节描写很不错，但字写得歪歪扭扭，给人的第一印象就没那么好，所以最近我开始练字。我发现原来认真写字并没有那么难，而且练字会让我心情平静。最重要的是，当我发现自己写字进步了，会产生很大的成就感！"

小思听完后说："现在我认为，练字是很有必要也是很快乐的事情，我们可以一起来练字！"

**课堂讨论**　茉茉与小伊是怎样说服小思认真书写的？说服性写作的基本结构分别体现在哪里？

月亮校长告诉科学与工程实践小组，建造风力发电厂需要获得当地城镇居民以及潜在投资者的支持，光有优秀的创业计划书只成功了一半，还需要用说服性的语言来打动大家。请寻找创业计划书中的闪光点，用具有说服性的语言来进行表达，以此吸引大家的关注，获得大家的支持。

11 风与风力发电

话题：

说明：

结论：

# 4.6 风力发电厂实地考察

星星小学正在开展表彰大会，因为科学与工程实践小组精彩纷呈的创业计划书获得了社区和潜在投资者的支持。

会上，小思感叹道："终于说服社区居民和潜在投资者同意建造一个风力发电厂了，那真实的风力发电厂是什么样的呢？风力涡轮机的叶片有多大？我们设计的风力涡轮机和真实的有什么区别呢？真想去现场看看呢！"

大家都觉得这是个好提议！

同学们都齐刷刷地看着月亮校长。月亮校长为了奖励大家，决定组织一次风力发电厂的研学活动。

让我们一起走进真正的风力发电厂，去现场看看吧！

不同地方的风力发电厂

## 11 风与风力发电

风力涡轮机示意图

安装风力涡轮机

风力发电厂的挑战已经告一段落,但学习的脚步还未停止。

请大家结合走进风力发电厂的实地感受,对照自己的学习情况,找出不足,继续改进。

# 参考文献

［1］夏征农，陈江涛.大辞海：环境科学卷［M］.上海：上海辞书出版社，2006.

［2］周仁标."公共政策是一种稀缺性资源"辨析［J］.中国行政管理，2009（4）：41.

［3］潘岳.环境保护与社会公平［J］.环境教育，2005（1）：6.

［4］李庆臻.简明自然辩证法词典［M］.济南：山东人民出版社，1986.

［5］柴国生.中国古代风能利用研究［D］.郑州：郑州大学，2007.

［6］中国百科大辞典编委会.中国百科大辞典［M］.北京：华夏出版社，1990.

［7］黄文选，刘梦湘，方金秋.小学教师实用数学辞典［M］.北京：北京科学技术出版社；北京：中国三峡出版社，2002.

［8］刘清泗，卢云亭.中国小学教学百科全书：地理卷［M］.沈阳：沈阳出版社，1993.

［9］刘思远.中华文明历史长卷：淡妆浓抹总相宜（山水卷）［M］.北京：北京工业大学出版社，2013.

［10］阮智富，郭忠新.现代汉语大词典：下册［M］.上海：上海辞书出版社，2009.

［11］艾伦·艾萨克斯.麦克米伦百科全书［M］.郭建中，江顾明，毛华奋，等译.杭州：浙江人民出版社，2002.

［12］彭艳，张宏升，许飞，等.风杯风速计测风误差的分析研究与订正方法［J］.气象水文海洋仪器，2003，2：1-11.

［13］全国科学技术名词审定委员会.资源科学技术名词［M］.北京：科学出版社，2008.

［14］余源培.邓小平理论辞典［M］.上海：上海辞书出版社，2009.

［15］路远.贝兹极限：0.593［J］.太阳能，1984（2）：8-9.

［16］裴娣娜.教育研究方法导论［M］.合肥：安徽教育出版社，2000.